工匠情怀之家装细部设计

◎ 锐扬图书 编

背景墙

海峡出版发行集团 | 福建科学技术出版社
THE STRAITS PUBLISHING & DISTRIBUTING GROUP | FUJIAN SCIENCE & TECHNOLOGY PUBLISHING HOUSE

图书在版编目（CIP）数据

工匠情怀之家装细部设计 . 背景墙 / 锐扬图书编 .—福州 : 福建科学技术出版社 , 2015.3
ISBN 978-7-5335-4751-6

Ⅰ . ①工… Ⅱ . ①锐… Ⅲ . ①住宅 – 装饰墙 – 室内装修 – 细部设计 – 图集 Ⅳ . ① TU767-64

中国版本图书馆 CIP 数据核字 (2015) 第 043269 号

书　　名　工匠情怀之家装细部设计　背景墙
编　　者　锐扬图书
出版发行　海峡出版发行集团
　　　　　福建科学技术出版社
社　　址　福州市东水路 76 号（邮编 350001）
网　　址　www.fjstp.com
经　　销　福建新华发行（集团）有限责任公司
印　　刷　福建彩色印刷有限公司
开　　本　889 毫米 ×1194 毫米　1/16
印　　张　8
图　　文　128 码
版　　次　2015 年 3 月第 1 版
印　　次　2015 年 3 月第 1 次印刷
书　　号　ISBN 978-7-5335-4751-6
定　　价　39.80 元

Contents

目 录

电视墙

沙发墙

Contents

目录

电视墙

DIAN SHI QIANG

1. 雕花银镜
2. 木质装饰假梁
3. 马赛克
4. 木质搁板
5. 皮面装饰硬包
6. 木质踢脚线

1 桦木饰面板
2 白色人造大理石
3 布艺软包
4 印花壁纸
5 装饰银镜
6 白枫木装饰立柱

1 印花壁纸
2 石膏板拓缝
3 米色亚光玻化砖
4 雕花黑镜
5 米色网纹大理石
6 密度板拓缝

❶ 黑白根大理石
❷ 白枫木饰面板拓缝
❸ 印花壁纸
❹ 条纹壁纸
❺ 密度板拓缝
❻ 木纹玻化砖

01

电视背景墙用水泥砂浆找平，用干挂的方式将米色人造大理石固定在墙面上，用收边条收边后两侧墙面用木工板打底，最后玻璃胶将车边银镜固定在底板上。

1 米色人造大理石
2 车边银镜
3 黑色烤漆玻璃
4 印花壁纸
5 马赛克
6 木纹大理石

02

在电视背景墙的墙面上弹线，用水泥砂浆找平；用玻璃胶将镜面固定在墙上，再安装木质搁板；剩余墙面按照设计图中造型，采用干挂的方式将大理石固定在墙面上；最后用大理石粘贴剂粘贴马赛克，完工后用专业的勾缝剂勾缝。

1 印花壁纸
2 金刚板
3 黑白根大理石装饰线
4 银镜装饰线
5 条纹壁纸
6 白枫木饰面板拓缝

① 米色亚光墙砖
② 有色乳胶漆
③ 雕花茶镜
④ 创意木质搁板
⑤ 文化砖饰面

① 手绘墙
② 深啡网纹大理石
③ 车边茶镜
④ 装饰灰镜
⑤ 装饰银镜
⑥ 灰色抛光墙砖

① 皮面装饰硬包
② 印花壁纸
③ 车边银镜
④ 条纹壁纸
⑤ 木质花格
⑥ 白色釉面墙砖
⑦ 白枫木装饰线

① 黑色烤漆玻璃
② 白色人造大理石拓缝
③ 泰柚木饰面板
④ 中花白大理石
⑤ 条纹壁纸
⑥ 印花壁纸
⑦ 雕花银镜

03

整个电视背景墙面满刮三遍腻子，用砂纸打磨光滑，刷底漆、面漆；用环保白乳胶配合专业壁纸粉将壁纸固定在墙面上。最后安装踢脚线。

1. 印花壁纸
2. 马赛克
3. 装饰银镜
4. 布艺软包
5. 肌理壁纸
6. 木质踢脚线

04

电视背景墙墙面用水泥砂浆找平，按照设计图在墙面上弹线放样，将成品石膏线固定在墙面上，整个墙面满刮三遍腻子，用砂纸打磨光滑，刷底漆、面漆；最后用环保白乳胶配合专业壁纸粉将壁纸固定在墙面上。

1 石膏板
2 木纹大理石
3 米黄大理石
4 装饰银镜
5 木纹大理石
6 黑镜装饰条

① 皮面装饰硬包
② 泰柚木饰面板
③ 马赛克
④ 装饰灰镜
⑤ 米色网纹大理石
⑥ 密度板拓缝

1 雕花茶镜
2 米色亚光墙砖
3 黑色烤漆玻璃
4 印花壁纸
5 艺术墙贴
6 红樱桃木饰面板
7 车边银镜

❶ 艺术墙贴
❷ 米色大理石
❸ 装饰银镜
❹ 印花壁纸
❺ 胡桃木装饰线
❻ 青花大理石

1 印花壁纸
2 装饰银镜
3 石膏板拓缝
4 茶镜装饰条
5 密度板拓缝
6 黑白根大理石

05

电视背景墙墙面用水泥砂浆找平，满刮三遍腻子，用砂纸打磨光滑，刷底漆一遍，面漆两遍；用丙烯颜料按设计图的图案手绘在墙面上。

1 手绘墙
2 黑色烤漆玻璃
3 石膏板拓缝
4 条纹壁纸
5 木质搁板
6 密度板拓缝

06

按设计图在电视背景墙面上弹线放样，确定层架的位置，贴装饰面板后刷油漆。剩余墙面满刮三遍腻子，打磨光滑，刷底漆、面漆，用环保白乳胶配合专业壁纸粉将壁纸固定在墙面上。

1 米黄网纹大理石装饰线
2 绯红网纹大理石
3 木质搁板
4 印花壁纸
5 有色乳胶漆
6 装饰银镜

1 黑色烤漆玻璃
2 条纹壁纸
3 中花白大理石
4 白枫木饰面板拓缝
5 印花壁纸
6 布艺软包

1 黑色烤漆玻璃
2 有色乳胶漆
3 黑镜装饰线
4 石膏板拓缝
5 白枫木装饰线
6 印花壁纸

❶ 有色乳胶漆
❷ 印花壁纸
❸ 爵士白大理石
❹ 黑镜装饰条
❺ 石膏板
❻ 条纹壁纸

❶ 印花壁纸
❷ 白枫木装饰线
❸ 白枫木饰面板拓缝
❹ 茶色镜面玻璃
❺ 泰柚木饰面板
❻ 中花白大理石
❼ 雕花银镜

07

电视背景墙用干挂的方式将定制好的木纹大理石固定，完工后用专业勾缝剂勾缝；剩余墙面用木工板打底，用玻璃胶将银镜固定在底板上，最后用白枫木装饰线做收边。

1. 白枫木装饰线
2. 木纹大理石
3. 车边茶镜
4. 爵士白大理石
5. 车边银镜

08

电视背景墙用水泥砂浆找平，在墙面上安装钢结构，将加工好的爵士白大理石固定在支架上；剩余墙面用木工板打底，用玻璃胶将银镜固定在底板上，再用不锈钢条做收边。

❶ 艺术墙贴
❷ 印花壁纸
❸ 黑色烤漆玻璃
❹ 雕花银镜
❺ 皮革软包
❻ 装饰灰镜

1. 印花壁纸
2. 车边茶镜
3. 装饰灰镜
4. 水曲柳饰面板
5. 黑色烤漆玻璃
6. 雕花银镜
7. 米色玻化砖

1 有色乳胶漆
2 木质踢脚线
3 白枫木装饰线
4 印花壁纸
5 黑色烤漆玻璃
6 条纹壁纸
7 石膏板

1 木质搁板
2 有色乳胶漆
3 红砖
4 白枫木饰面板拓缝
5 米黄网纹玻化砖
6 皮革软包

1 泰柚木饰面板
2 石膏板拓缝
3 红砖
4 条纹壁纸
5 印花壁纸
6 装饰灰镜

09

电视背景墙面用水泥砂浆找平，用木工板打底，将定制好的密度板直接钉在底板上，做出肌理造型；最后用木质收边条收边。

1 密度板肌理造型
2 木质搁板
3 有色乳胶漆
4 白枫木装饰线
5 印花壁纸

10

按照设计图纸用木工板在墙面上做出弧形造型及壁纸收边线条。贴装饰面板后刷油漆，剩余墙面满刮三遍腻子，用砂纸打磨光滑，刷底漆、面漆。贴壁纸前刷一层基膜，用环保白乳胶配合专业壁纸粉将其固定在墙面上。

1 马赛克
2 黑镜装饰条
3 中花白大理石
4 灰白色网纹大理石
5 文化石
6 马赛克
7 石膏板拓缝

1 雕花烤漆玻璃
2 马赛克
3 印花壁纸
4 木纹大理石
5 白枫木装饰线
6 白枫木饰面板拓缝

1 中花白大理石
2 雕花银镜
3 木质搁板
4 条纹壁纸
5 镜面马赛克
6 艺术墙砖拼花

① 米色网纹大理石
② 木质花格
③ 有色乳胶漆
④ 印花壁纸
⑤ 马赛克
⑥ 白枫木饰面板拓缝

① 木质搁板
② 有色乳胶漆
③ 装饰灰镜
④ 印花壁纸
⑤ 肌理壁纸
⑥ 胡桃木装饰线

11

电视背景墙面用水泥砂浆找平，整个墙面满刮三遍腻子，用砂纸打磨光滑，刷底漆；按设计图中造型，粘贴壁纸，贴壁纸前刷一层基膜，再用环保白乳胶配合专业壁纸粉将其固定在墙面上，剩余墙面刷环保有色面漆，最后安装踢脚线。

① 有色乳胶漆
② 木质踢脚线
③ 印花壁纸
④ 装饰灰镜
⑤ 石膏板

12

电视背景墙面用水泥砂浆找平，按设计图中造型，用木工板打底再用硅酸钙板做出立体造型，满挂腻子，用砂纸打磨光滑，刷底漆、面漆。剩余墙面用玻璃胶将镜面固定在底板上，最后用不锈钢条做收边。

1 银镜装饰条
2 雕花银镜
3 石膏板拓缝
4 水曲柳饰面板
5 条纹壁纸
6 手绘墙

❶ 水曲柳饰面板
❷ 密度板
❸ 马赛克
❹ 装饰灰镜
❺ 木质花格
❻ 银镜装饰线

① 装饰灰镜
② 马赛克
③ 木质搁板
④ 白色乳胶漆
⑤ 柚木装饰线
⑥ 密度板拓缝
⑦ 印花壁纸

① 爵士白大理石
② 条纹壁纸
③ 石膏板
④ 印花壁纸
⑤ 桦木饰面板
⑥ 茶镜装饰条

1 黑色烤漆玻璃
2 中花白大理石
3 条纹壁纸
4 米色亚光墙砖
5 车边银镜
6 印花壁纸

13

整个墙面用水泥砂浆找平，按照设计图纸用木工板做出凹凸造型，满刮三遍腻子，用砂纸打磨光滑，刷底漆一遍，面漆两遍，最后将成品石膏角线固定在墙面上。

1. 石膏顶角线
2. 有色乳胶漆
3. 白枫木饰面板拓缝
4. 条纹壁纸
5. 木质搁板

14

电视背景墙面用水泥砂浆找平，满刮三遍腻子，刷底漆、面漆；做弹线放样后确定层板位置，按照设计图纸用木工板做出层板及电视柜的造型，装贴饰面板后刷油漆；剩余粘贴壁纸，贴壁纸前刷一层基膜，再用环保白乳胶配合专业壁纸粉将其固定在墙面上。

❶ 爵士白大理石
❷ 黑色烤漆玻璃
❸ 有色乳胶漆
❹ 木质搁板
❺ 石膏板拓缝
❻ 印花壁纸

① 印花壁纸
② 绯红网纹大理石
③ 条纹壁纸
④ 米色玻化砖
⑤ 有色乳胶漆

1 银镜装饰线
2 黑白色墙砖拼花
3 黑色烤漆玻璃
4 有色乳胶漆
5 马赛克
6 混纺地毯

1 木质花格
2 印花壁纸
3 石膏板
4 条纹壁纸
5 白枫木装饰线
6 白枫木饰面板拓缝

1. 米色抛光墙砖
2. 金刚板
3. 茶镜装饰条
4. 黑色烤漆玻璃
5. 有色乳胶漆
6. 木纹大理石
7. 车边银镜

15

电视背景墙面用水泥砂浆找平，满刮三遍腻子，用砂纸打磨光滑，按照设计中造型，中间墙面刷一层基膜，用环保白乳胶配合专业壁纸粉将壁纸固定在墙面上，两侧墙面用木工板打底，将车边茶镜用玻璃胶固定在底板上，最后用收边条做收边。

1 印花壁纸
2 车边茶镜
3 装饰银镜
4 肌理壁纸
5 车边银镜
6 米色网纹大理石

16

电视背景墙面用水泥砂浆找平，用点挂的方式将大理石及其收边线条固定在墙面上；中间墙面用湿贴的方式将仿古墙砖固定在墙面上，用勾缝剂填缝；两侧镜面的基层用木工板打底，最后用玻璃胶将车边银镜固定在底板上。

1 黑色烤漆玻璃
2 中花白大理石
3 银镜装饰条
4 泰柚木饰面板
5 石膏板拓缝
6 条纹壁纸

① 手绘墙
② 黑色烤漆玻璃
③ 车边银镜
④ 雕花灰镜
⑤ 印花壁纸
⑥ 密度板拓缝

1 条纹壁纸
2 银镜装饰线
3 白枫木饰面板拓缝
4 白色乳胶漆
5 装饰灰镜
6 黄色釉面墙砖

1 镜面马赛克
2 肌理壁纸
3 印花壁纸
4 茶镜装饰条
5 木纹大理石

1 装饰银镜
2 米色大理石
3 印花壁纸
4 混纺地毯
5 有色乳胶漆
6 白色玻化砖

17

整个沙发背景墙面用水泥砂浆找平，满刮三遍腻子，然后用砂纸打磨光滑，刷一层基膜再用环保白乳胶配合专业壁纸粉将壁纸固定在墙面；按照设计图纸在墙面上弹线放样固定层板，装贴饰面板后刷油漆；最后安装装饰珠帘。

① 水晶装饰珠帘
② 木质搁板
③ 有色乳胶漆
④ 米色亚光玻化砖
⑤ 印花壁纸

18

整个沙发背景墙用水泥砂浆找平，满刮三遍腻子用砂纸打磨光滑，刷一层基膜，后用环保白乳胶配合专业壁纸粉将壁纸固定在墙面上，最后安装成品石膏角线。

1 白枫木格栅吊顶
2 艺术壁纸
3 印花壁纸
4 羊毛地毯
5 皮革软包
6 镜面马赛克
7 黑色烤漆玻璃

1 白枫木装饰线
2 印花壁纸
3 手工绣制地毯
4 石膏顶角线
5 桦木装饰立柱
6 仿古砖

❶ 条纹壁纸
❷ 胡桃木窗棂造型
❸ 直纹斑马木饰面板
❹ 白枫木饰面板拓缝
❺ 印花壁纸
❻ 胡桃木花格

❶ 胡桃木顶角线
❷ 胡桃木饰面板
❸ 印花壁纸
❹ 木质搁板
❺ 雕花银镜
❻ 酒红色烤漆玻璃

1 有色乳胶漆
2 混纺地毯
3 米色玻化砖
4 肌理壁纸
5 装饰灰镜
6 印花壁纸

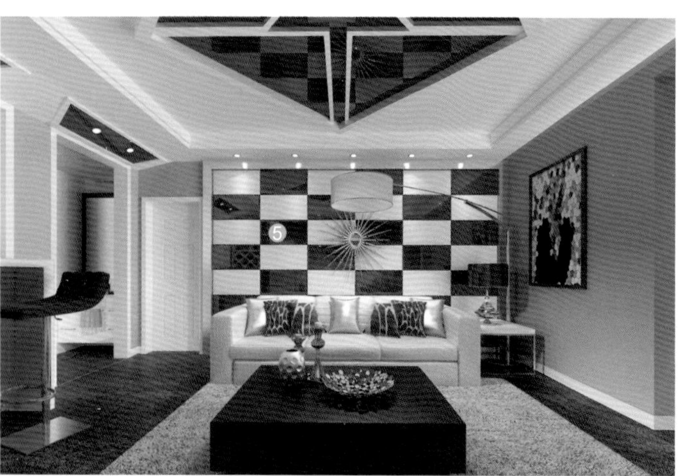

19

整个沙发背景墙用水泥砂浆找平后满刮三遍腻子，刷底漆、面漆，再用木工板打底，贴装水曲柳饰面板、刷油漆。最后安装装饰画。

1 水曲柳饰面板
2 实木浮雕
3 手工绣制地毯
4 布艺软包
5 金刚板

20

整个沙发背景墙用水泥砂浆找平，用木工板做出凹凸造型，两侧用蚊钉及胶水将布艺软包固定在底板上，再用木质收边条收边；剩余墙面满刮三遍腻子，刷底漆及有色面漆。

1 条纹壁纸
2 胡桃木装饰线
3 马赛克
4 布艺装饰硬包
5 木质花格贴茶镜
6 有色乳胶漆

1 米色网纹大理石
2 马赛克
3 胡桃木装饰假梁
4 布艺软包
5 印花壁纸
6 车边银镜

1. 条纹壁纸
2. 白色玻化砖
3. 直纹斑马木饰面板
4. 马赛克
5. 黑色烤漆玻璃
6. 装饰灰镜

① 印花壁纸
② 木质花格
③ 石膏装饰线
④ 条纹壁纸
⑤ 木质搁板
⑥ 白色乳胶漆

1 红樱桃木装饰线
2 印花壁纸
3 马赛克
4 白枫木装饰线
5 石膏板格栅吊顶
6 有色乳胶漆

21

整个沙发背景墙用水泥砂浆找平，两侧用木工板打底做出图中造型。墙面上满刮三遍腻子，用砂纸打磨光滑，将成品镜面收边条固定在墙面上，刷底漆、面漆；贴壁纸前刷一层基膜，用环保白乳胶配合专业壁纸粉将壁纸粘贴在墙面上。

① 米色波浪板
② 灰镜装饰条
③ 印花壁纸
④ 有色乳胶漆
⑤ 彩色釉面墙砖拼花

22

沙发背景墙用水泥砂浆找平，弹线放样后确定层板位置，用湿贴的方式将釉面墙砖固定在墙面上；刷一层基膜后用环保白乳胶配合专业壁纸粉粘贴壁纸，剩余墙面用木工板及硅酸钙板做弧形造型，刷有色乳胶漆。

1 胡桃木装饰假梁
2 米黄色亚光玻化砖
3 黑胡桃木饰面板
4 布艺软包
5 车边银镜
6 彩色烤漆玻璃

❶ 木纹大理石
❷ 水曲柳饰面板
❸ 印花壁纸
❹ 胡桃木格栅
❺ 胡桃木装饰线
❻ 红樱桃木饰面板

❶ 白枫木装饰线
❷ 印花壁纸
❸ 条纹壁纸
❹ 石膏板
❺ 布艺装饰硬包
❻ 木装饰线描金

① 有色乳胶漆
② 木纹玻化砖
③ 混纺地毯
④ 金刚板
⑤ 雕花茶镜
⑥ 黑镜装饰条

1 有色乳胶漆
2 金刚板
3 印花壁纸
4 黑镜装饰条
5 石膏装饰线
6 羊毛地毯

23

按照设计图纸用木工板在墙面上做出弧形造型及木质收边条。贴装饰面板后刷油漆，剩余墙面满刮三遍腻子，用砂纸打磨光滑，刷底漆、面漆。最后用丙烯颜料将设计图上的花样手绘到墙面上。

① 红樱桃木装饰线
② 手绘墙
③ 皮面装饰硬包
④ 灰镜装饰条
⑤ 肌理壁纸

24

整个沙发背景墙用水泥砂浆找平，满刮三遍腻子，用砂纸打磨光滑，刷底漆、面漆；弹线放样后确定层板位置，贴装饰面板后刷油漆，粘贴装饰镜面；剩余墙面刷一层基膜，将壁纸用环保白乳胶配合专业壁纸粉固定在墙面上。

❶ 装饰壁画
❷ 灰白色网纹玻化砖
❸ 茶色玻璃隔断
❹ 印花壁纸
❺ 布艺软包
❻ 装饰灰镜

❶ 装饰银镜
❷ 印花壁纸
❸ 白枫木饰面板肌理造型
❹ 茶色镜面玻璃
❺ 泰柚木饰面板
❻ 木纹玻化砖

1 白枫木装饰线
2 条纹壁纸
3 印花壁纸
4 羊毛地毯
5 米黄色网纹墙砖
6 银镜装饰线

餐厅墙

CAN TING QIANG

❶ 黑色烤漆玻璃
❷ 装饰银镜
❸ 桦木饰面板
❹ 灰镜吊顶
❺ 印花壁纸
❻ 白枫木百叶

1 装饰灰镜
2 马赛克
3 有色乳胶漆
4 胡桃木窗棂造型隔断
5 拉丝玻璃
6 木质搁板

25

整个背景墙用水泥砂浆找平，用木工板做出凹凸造型及壁纸收边条，满刮三遍腻子，用砂纸打磨光滑，刷一层基膜，用环保白乳胶及专业壁纸粉将壁纸固定在墙面上。

❶ 印花壁纸
❷ 浅啡网纹大理石波打线
❸ 米黄网纹大理石
❹ 深啡网纹大理石波打线
❺ 茶色镜面玻璃
❻ 木纹大理石

26

餐厅左墙面用水泥砂浆找平，用木工板按照设计图纸做出凹凸造型及精品柜，贴装饰面板后刷油漆，剩余墙面满刮三遍腻子，用砂纸打磨光滑，刷一层基膜，用环保白乳胶配合专业壁纸粉将壁纸粘贴在墙面上。右侧墙面找平后采用干挂的方式将木纹大理石固定在墙面上。

❶ 木质花格
❷ 米色大理石
❸ 肌理壁纸
❹ 磨砂玻璃
❺ 茶色镜面玻璃
❻ 金刚板

❶ 灰镜装饰条
❷ 条纹壁纸
❸ 木质搁板
❹ 印花壁纸
❺ 胡桃木装饰立柱
❻ 马赛克

❶ 白枫木装饰线
❷ 有色乳胶漆
❸ 木质花格
❹ 车边银镜
❺ 印花壁纸
❻ 车边银镜

❶ 泰柚木饰面板
❷ 车边银镜
❸ 米黄大理石
❹ 印花壁纸
❺ 马赛克
❻ 有色乳胶漆

❶ 肌理壁纸
❷ 黑镜装饰条
❸ 雕花银镜
❹ 白枫木饰面板拓缝
❺ 有色乳胶漆
❻ 磨砂玻璃

27

整个餐厅墙面用水泥砂浆找平，满刮三遍腻子，用砂纸打磨光滑，刷底漆一遍、面漆两遍，最后弹线放样确定层板的位置，贴装饰面板后刷油漆。

❶ 有色乳胶漆
❷ 仿古砖
❸ 肌理壁纸
❹ 钢化玻璃搁板
❺ 车边银镜
❻ 印花壁纸

28

餐厅墙面用水泥砂浆找平，用木工板打底做出设计图纸中的凹凸造型，用玻璃胶将装饰镜面固定在墙面上，最后用木质装饰条收边。

❶ 白色乳胶漆
❷ 米色玻化砖
❸ 米色亚光墙砖
❹ 有色乳胶漆
❺ 直纹斑马木饰面板
❻ 水曲柳饰面板

❶ 肌理壁纸
❷ 米色大理石
❸ 黑胡桃木饰面板
❹ 木质花格描金
❺ 车边银镜
❻ 红樱桃木饰面板
❼ 深啡网纹大理石踢脚线

1 车边茶镜
2 印花壁纸
3 木质花格
4 有色乳胶漆
5 车边银镜
6 黑白根大理石波打线

❶ 车边银镜
❷ 磨砂玻璃
❸ 密度板拓缝
❹ 肌理壁纸
❺ 木质花格
❻ 仿古砖

❶ 车边银镜
❷ 直纹斑马木饰面板
❸ 中花白大理石
❹ 混纺地毯
❺ 有色乳胶漆
❻ 马赛克

29

整个餐厅墙面用水泥砂浆找平，满刮三遍腻子，用砂纸打磨光滑，刷一层基膜后粘贴壁纸，最后安装踢脚线。

❶ 肌理壁纸
❷ 木质踢脚线
❸ 白枫木装饰立柱
❹ 木质踢脚线
❺ 胡桃木装饰假梁
❻ 装饰灰镜

30

餐厅墙面用水泥砂浆找平，按照设计图纸中的造型，采用干挂的方式将大理石固定在墙面上，剩余墙面用木工板打底并做镜面收边，贴装饰面板后刷油漆，最后用玻璃胶将装饰镜面固定在墙面上。

❶ 装饰银镜
❷ 有色乳胶漆
❸ 印花壁纸
❹ 黑色烤漆玻璃
❺ 米白洞石
❻ 木质搁板

❶ 白枫木饰面板
❷ 米色亚光玻化砖
❸ 印花壁纸
❹ 雕花磨砂玻璃
❺ 有色乳胶漆
❻ 条纹壁纸

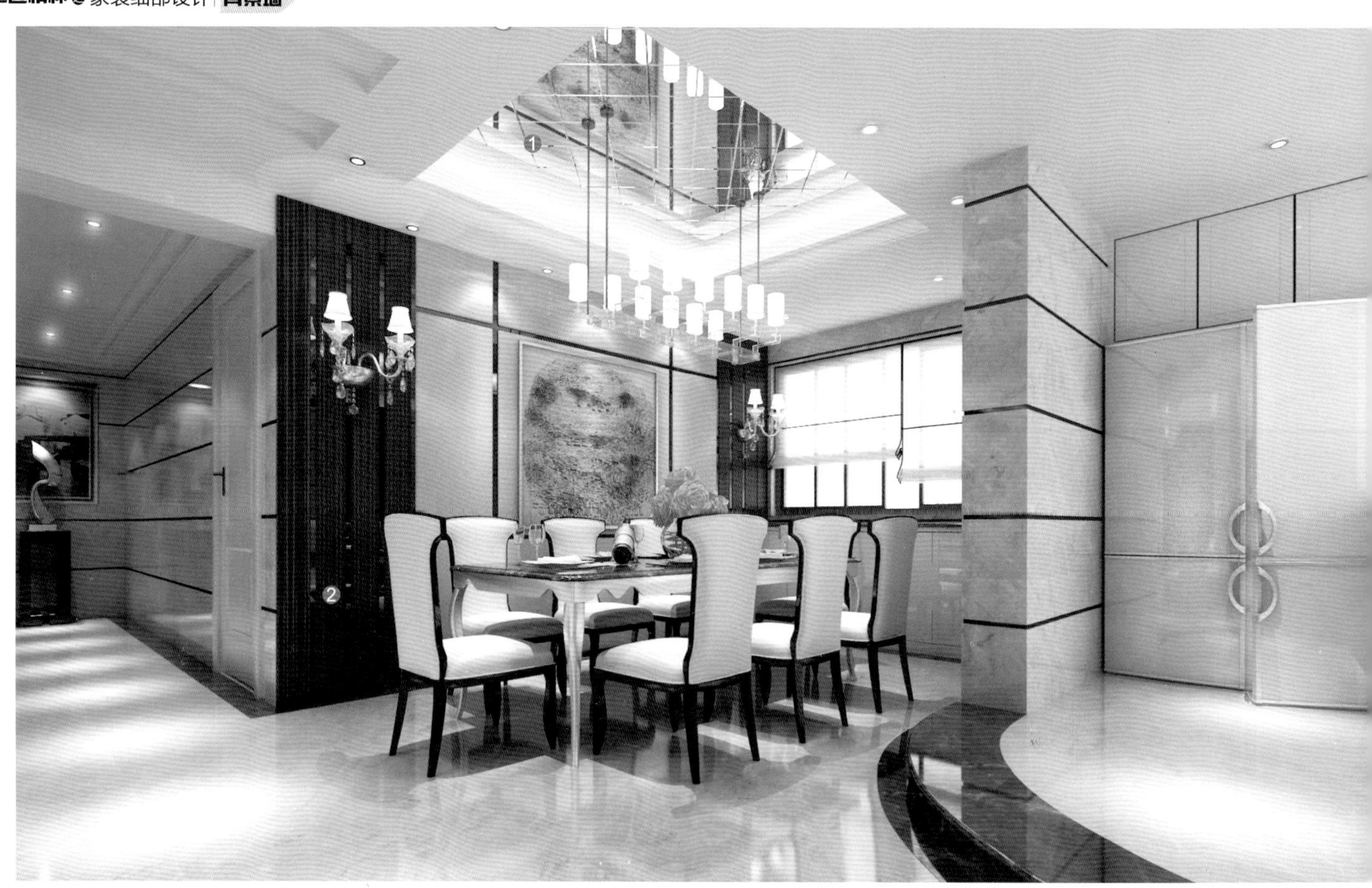

❶ 车边银镜
❷ 红樱桃木饰面板
❸ 白色乳胶漆
❹ 黑镜装饰条
❺ 有色乳胶漆
❻ 木质花格

❶ 有色乳胶漆
❷ 茶色镜面玻璃
❸ 轻钢龙骨装饰假梁
❹ 车边银镜
❺ 白松木装饰假梁
❻ 木质踢脚线

❶ 钢化玻璃搁板
❷ 白枫木装饰线
❸ 水曲柳饰面板
❹ 木质花格
❺ 磨砂玻璃
❻ 金刚板

31

用木工板做出背景墙两侧对称造型及壁纸收边条，贴装饰面板后刷油漆；剩余墙面满刮三遍腻子，用砂纸打磨光滑，刷底漆、面漆。用环保白乳胶配合专业壁纸粉将壁纸固定在墙面上。

❶ 木纹大理石
❷ 黑色烤漆玻璃
❸ 米色人造大理石
❹ 车边茶镜
❺ 有色乳胶漆

32

整个餐厅墙面用水泥砂浆找平，满刮三遍腻子，用砂纸打磨光滑，刷一遍底漆、两遍有色面漆；用湿贴的方式将仿古砖固定在地面上，最后安装踢脚线。

1 米色网纹大理石
2 胡桃木装饰假梁
3 白色人造大理石
4 车边银镜
5 印花壁纸
6 胡桃木窗棂造型

❶ 桦木饰面板
❷ 米黄色玻化砖
❸ 车边银镜
❹ 白松木饰面板吊顶
❺ 印花壁纸
❻ 白枫木装饰线

❶ 茶色镜面玻璃
❷ 马赛克
❸ 肌理壁纸
❹ 泰柚木饰面板垭口
❺ 黑色烤漆玻璃
❻ 泰柚木装饰线

❶ 直纹斑马木饰面板
❷ 印花壁纸
❸ 金刚板
❹ 条纹壁纸
❺ 木质创意搁板

❶ 水曲柳饰面板
❷ 桦木百叶
❸ 布艺软包
❹ 印花壁纸
❺ 金刚板
❻ 白枫木饰面板

33

用木工板在背景墙面上打底，将成品收边线条固定在墙面上，用蚊钉及胶水将软包固定在底板上。剩余墙面满刮三遍腻子，用砂纸打磨光滑，刷一遍底漆，两遍面漆。

❶ 皮革软包
❷ 白枫木饰面板拓缝
❸ 金刚板
❹ 不锈钢条
❺ 混纺地毯

34

用木工板在背景墙面上打底，用蚊钉及胶水将定制好的软包固定在墙上，用不锈钢条做装饰收边。剩余墙面满刮三遍腻子，用砂纸打磨光滑，刷一层基膜，用环保白乳胶配合专业壁纸粉粘贴壁纸。

❶ 肌理壁纸
❷ 印花壁纸
❸ 皮革软包
❹ 白色乳胶漆
❺ 装饰银镜
❻ 混纺地毯

❶ 装饰灰镜
❷ 皮革软包
❸ 印花壁纸
❹ 木质窗棂造型
❺ 装饰银镜
❻ 密度板拓缝

❶ 装饰灰镜
❷ 皮面装饰硬包
❸ 印花壁纸
❹ 白钢条
❺ 有色乳胶漆
❻ 黑胡桃木格栅

❶ 磨砂玻璃
❷ 金刚板
❸ 白枫木饰面板拓缝
❹ 印花壁纸
❺ 布艺软包
❻ 混纺地毯

❶ 黑胡桃木饰面板
❷ 手绘墙
❸ 金刚板
❹ 木质踢脚线
❺ 白枫木顶角线
❻ 白枫木饰面板

35

背景墙用水泥砂浆找平后用木工板打底，用蚊钉及胶水将软包固定在地板上，两侧对称墙面用玻璃胶将装饰银镜粘贴在底板上，最后安装成品收边线条。

❶ 装饰银镜
❷ 皮革软包
❸ 茶色镜面玻璃
❹ 皮面装饰硬包
❺ 布艺软包
❻ 金刚板

36

卧室床头背景墙用水泥砂浆找平，按照设计图中造型，用木工板打底并做出凹凸造型；用蚊钉及胶水将软包固定在墙面上，剩余墙面满刮三遍腻子，用砂纸打磨光滑，刷一层基膜，用环保白乳胶配合专业壁纸粉粘贴壁纸。

❶ 泰柚木百叶
❷ 金刚板
❸ 白色乳胶漆
❹ 羊毛地毯
❺ 有色乳胶漆
❻ 印花壁纸

❶ 有色乳胶漆
❷ 布艺软包
❸ 白枫木百叶
❹ 胡桃木装饰线
❺ 条纹壁纸
❻ 混纺地毯

1. 黑胡桃木饰面板
2. 白枫木装饰线
3. 白枫木百叶
4. 胡桃木装饰线
5. 印花壁纸
6. 红樱桃木饰面板

❶ 艺术壁纸
❷ 金刚板
❸ 皮革软包
❹ 肌理壁纸
❺ 羊毛地毯
❻ 黑胡桃木窗棂造型

1 有色乳胶漆
2 混纺地毯
3 金刚板
4 装饰灰镜
5 布艺装饰硬包
6 木质窗棂造型

37

床头背景墙面用水泥砂浆找平，然后按照设计图纸将布艺软包用蚊钉及胶水固定在墙面上，四周做收边固定；剩余墙面刮平上漆之后，用玻璃胶将茶镜粘贴在墙面上。

❶ 装饰茶镜
❷ 直纹斑马木饰面板
❸ 白色乳胶漆
❹ 肌理壁纸
❺ 羊毛地毯

38

整个卧室背景墙用水泥砂浆找平后，满刮三遍腻子，用砂纸打磨光滑，再刷一层基膜，然后用环保白乳胶配合专业壁纸粉将壁纸固定在墙面上，最后安装木质踢脚线。

❶ 白枫木装饰线
❷ 布艺装饰硬包
❸ 印花壁纸
❹ 肌理壁纸
❺ 胡桃木顶角线
❻ 金刚板

❶ 印花壁纸
❷ 金刚板
❸ 装饰银镜
❹ 红樱桃木装饰线密排
❺ 布艺软包
❻ 车边银镜

❶ 布艺软包
❷ 米色网纹玻化砖
❸ 皮革软包
❹ 木质浮雕描金
❺ 条纹壁纸
❻ 印花壁纸

❶ 布艺软包
❷ 肌理壁纸
❸ 白枫木装饰线
❹ 车边银镜
❺ 有色乳胶漆
❻ 白枫木百叶

❶ 黑色烤漆玻璃
❷ 布艺软包
❸ 印花壁纸
❹ 白枫木百叶
❺ 泰柚木装饰线
❻ 金刚板

39

卧室背景墙面用水泥砂浆找平，用AB胶将大理石收边条固定在墙面上。装饰硬包的基层用木工板打底，用蚊钉和胶水进行固定。

❶ 布面装饰硬包
❷ 条纹壁纸
❸ 金刚板
❹ 胡桃木顶角线
❺ 印花壁纸
❻ 白枫木百叶

40

卧室背景墙用木工板做出凹凸造型，整个墙面满刮三遍腻子，用砂纸打磨光滑，刷一层基膜，用环保白乳胶配合专业壁纸粉粘贴壁纸；最后安装成品收边线条。

❶ 密度板拓缝
❷ 羊毛地毯
❸ 胡桃木装饰线
❹ 雕花茶镜
❺ 条纹壁纸
❻ 皮革软包

❶ 印花壁纸
❷ 手工绣制地毯
❸ 肌理壁纸
❹ 装饰茶镜
❺ 直纹斑马木饰面板
❻ 金刚板

❶ 皮革软包
❷ 雕花茶镜
❸ 有色乳胶漆
❹ 黑胡桃木顶角线
❺ 条纹壁纸
❻ 黑胡桃木格栅吊顶
❼ 泰柚木饰面板

❶ 印花壁纸
❷ 金刚板
❸ 羊毛地毯
❹ 木质搁板
❺ 布艺软包
❻ 条纹壁纸

❶ 白枫木装饰线
❷ 肌理壁纸
❸ 印花壁纸
❹ 羊毛地毯
❺ 黑色烤漆玻璃
❻ 白枫木百叶